愉快學寫字 10

寫字和識字：部首、偏旁

新雅文化事業有限公司

www.sunya.com.hk

《愉快學寫字》叢書是專為**訓練幼兒的書寫能力、培養其良好的語文基礎**而編寫的語文學習教材套，由幼兒語文教育專家精心設計，參考香港及內地學前語文教育指引而編寫。

叢書共 12 冊，內容由淺入深，分三階段進行：

	書名及學習內容	適用年齡	學習目標
第一階段	《愉快學寫字》1-4 （寫前練習 4 冊）	3 歲至 4 歲	- 訓練手眼協調及小肌肉。 - 筆畫線條的基礎訓練。
第二階段	《愉快學寫字》5-8 （筆畫練習 2 冊） （寫字練習 2 冊）	4 歲至 5 歲	- 學習漢字的基本筆畫。 - 掌握漢字的筆順和結構。
第三階段	《愉快學寫字》9-12 **（寫字和識字 4 冊）**	5 歲至 7 歲	- 認識部首和偏旁，幫助查字典。 - 寫字和識字結合，鞏固語文基礎。

幼兒通過這 12 冊的系統訓練，**已學會漢字的基本筆畫、筆順、偏旁、部首、結構和漢字的演變規律，為快速識字、寫字、默寫、學查字典打下良好的語文基礎。**

叢書的內容編排既全面系統，又循序漸進，所設置的練習模式富有童趣，能令幼兒「愉快學寫字，從此愛寫字」。

第 9 至 12 冊「寫字和識字」內容簡介：

這 4 冊包括以下內容：

1. **部首和偏旁**：每冊有 20 個，由淺入深地編排。小朋友完成這 4 冊的練習，就學會了 80 個部首和偏旁，基本上掌握了漢字的結構和規律。

2. **範字**：參考香港教育局《香港小學學習字詞表》選編。

3. **有趣的漢字**：讓孩子在認識漢字演變的過程中，加深對這個漢字的理解，並起到舉一反三的作用，快速認識同類字詞。

4. **趣味練習**：加深孩子對這個部首和偏旁的理解及記憶。

5. **造句練習**：讓孩子掌握文字的運用。

6. **部首複習**：利用多種有趣的語文遊戲方式，鞏固孩子所學內容。

孩子書寫時要注意的事項：

① 把筆放在孩子容易拿取的容器，桌面要有充足的書寫空間及擺放書寫工具的地方，保持桌面整潔，培養良好的書寫習慣。

② 光線要充足，並留意光線的方向會否在紙上造成陰影。例如：若小朋友用右手執筆，枱燈便應該放在桌子的左邊。

③ 坐姿要正確，眼睛與桌面要保持適當的距離，以免造成駝背或近視。

④ 3-4 歲的孩子小肌肉未完全發展，**可使用粗蠟筆、筆桿較粗的鉛筆，或三角鉛筆。**

⑤ 不必急着要孩子「畫得好」、「寫得對」，重要的是讓孩子畫得開心和享受寫字活動的樂趣。

正確執筆的示範圖：

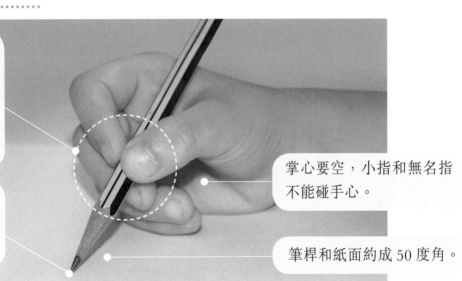

用拇指和食指執住筆桿前端，同時用中指托住筆桿，無名指和小指自然地彎曲靠在中指下方。

執筆的拇指和食指的指尖離筆尖約 3 厘米左右。

掌心要空，小指和無名指不能碰手心。

筆桿和紙面約成 50 度角。

正確寫字姿勢的示範圖：

眼睛與紙相距大約 30 厘米，胸部不要緊貼桌邊。

兩臂自然地張開，伸開左手的五隻手指按住紙，右手書寫。如果是用左手寫字的，則左右手功能相反。

寫字時，身體要坐正，兩肩齊平，兩腿自然地平放地面上。頭和上身稍向前傾，腰要伸直，胸部挺起。

目錄

常用字與部首

部首	常用字
足（𧾷）	趾 距 跑 跌 跡 跟 跨 路 跳 踢 踏 踩 蹈 蹤 躍
阜（阝）	防 阱 阿 阻 附 限 陋 陌 降 院 陣 陛 除 陪 陸 陰 陷 隊 階 陽 隊 隔 際 隧 隨 險
攴（攵）	收 改 放 故 政 效 啟 救 教 敗 敏 敢 散 敬 敲 敵 數 整
月	月 有 服 朋 朗 望 期
火（灬）	火 灰 災 炎 炒 為 炭 炸 炮 烘 烤 烈 烏 焗 煮 無 然 煙 煩 煤 煉 照 煞 煲 熊 熄 熟 熱 燒 燈 燕 燃 營 燦 燭 爐 爛
犬（犭）	犬 犯 狂 狀 狗 狐 狡 狠 狼 狹 狸 猜 猛 猴 猾 獅 獎 獨 獲 獵 獸 獻
玉（王）	王 玉 玩 玫 珊 玻 珍 班 珠 理 球 現 琢 琵 琶 琴 瑚 瑰 璃 環
疒	疤 疾 病 症 疲 疼 痕 痛 痘 痰 瘋 瘦 瘡
衣（衤）	衣 初 衫 表 袖 被 袋 袱 裁 裂 裙 補 裕 裝 裏 裳 裹 製 複 褲 襪 襯
示（礻）	示 社 祈 祕 祝 祖 神 崇 祥 票 祭 視 禁 福 禍 禮 禱
穴	究 空 穿 突 窄 窗 窩 窮
米	米 粉 粒 粗 粥 粧 粟 粽 精 糊 糕 糖 糞 糧 糯
肉（月）	肉 肚 育 肩 肥 肢 股 肯 胖 胡 胃 背 胎 脆 能 脣 脫 腕 腔 脾 腐 腰 腸 腳 腫 腦 膀 膏 腿 膝 膠 膚 臂 臉 臘 臟
貝	貝 負 財 貢 販 責 貨 貪 貧 貯 費 賀 貴 貼 買 賊 賓 賣 賞 賽 購 贊
辵（辶）	近 返 迎 述 送 迷 退 追 逃 這 通 逗 連 速 造 逐 透 逛 途 週 進 運 遊 道 遍 逼 達 遇 過 遙 遠 適 遮 導 選 遲 遺 避 還 邀 邊
金	金 釘 針 釣 鈕 鈔 鈎 鉗 鉛 鈴 銀 銅 銳 鋪 鋤 鋒 錶 鋸 錯 錢 鋼 錄 鍵 鍋 鍛 鎮 鏡 鐘 鐵 鑽
門	門 閂 閃 開 間 閒 閱 闊 關
隹	隻 雀 雁 集 雕 雖 雜 雙 雞 難 離
大	大 太 天 夫 央 失 夾 奇 奔 奏 套 奪 奮
雨（⻗）	雨 雪 雲 雷 電 零 需 震 霉 霓 霜 霧 露 靈

注：本表的常用字是參考香港教育局《香港小學學習字詞表》第一學習階段的字詞而列舉。

有趣的漢字：足

「足」字作偏旁時，一般寫成「𧾷」。

把部首是 足 的字圈出來。

跑步

跳繩

舞蹈

踏單車

答案：跑、跳、踏、蹈

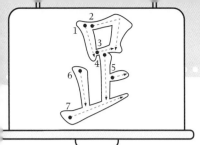

筆順：　丶　丨　口　口　甲　甲　昆　足　趵　趵　跑　跑　跑　　　十二畫

跑					

造句練習：

小狗比小豬 ＿＿＿ 得快。

筆順：　丶　丨　口　口　甲　甲　昆　足　趴　趴　趴　跳　跳　跳　　　十三畫

跳					

造句練習：

我和同學在操場 ＿＿＿ 繩。

筆順：　丶　丨　口　口　甲　甲　昆　足　趵　趵　政　路　路　路　　　十三畫

路					

造句練習：

汽車在馬 ＿＿＿ 上行走。

有趣的漢字：阜

「阜」字作左偏旁時，一般寫成「阝」。

注：「阜」表示形狀像石階梯的山崖。

把部首**阜（阝）**填上藍色。

消防車

升降機

足球隊

行人隧道

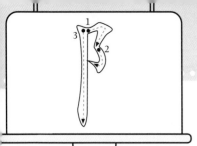

左耳旁

筆順：㇀㇂阝阝阝阤防防　　　　　　　七畫

防

造句練習：

我爸爸是消 ＿＿＿＿ 員。

筆順：㇀㇂阝阝阝阤阤防阱隊隊隊　　十二畫

隊

造句練習：

大家在排 ＿＿＿＿ 等候巴士。

筆順：㇀㇂阝阝阝阝阝阝阝陽陽陽　　十二畫

陽

造句練習：

太 ＿＿＿＿ 從東邊升起。

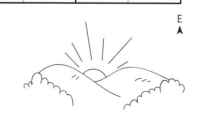

有趣的漢字：攴

「攴」字作偏旁時，一般寫成「攵」。

注：「攴」表示手拿東西，輕輕地敲打。

把相配的字用線連起來。

1.

收・　　　・a. 學

2.

放・　　　・b. 事書

3.

故・　　　・c. 割

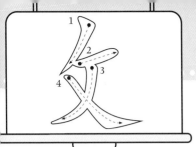

筆順：　丶　亠　宁　方　方　方′　方′　放　放　　　　八畫

放					

造句練習：

爸媽和我到郊外 ＿＿＿＿ 風箏。

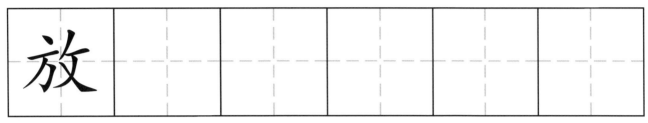

筆順：　一　十　十　古　古　古′　古′　故　故　　　　九畫

故					

造句練習：

我的 ＿＿＿＿ 鄉在上海。

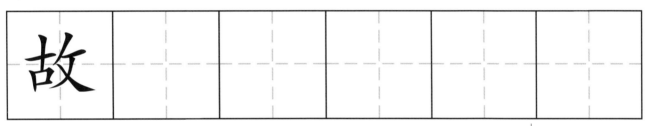

筆順：　一　寸　寸　才　求　求　求　求′　求′　救　救　　　　十一畫

救					

造句練習：

＿＿＿＿ 護員正在為傷者包紮傷口。

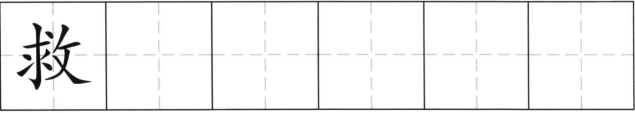

有趣的漢字：月

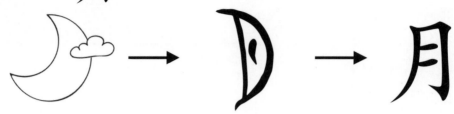

圈出部首是 月 的字。

答案：服、朋、朗、臉、腿

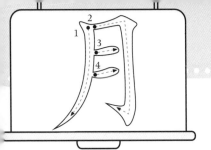

月 字旁

筆順：丿 刀 月 月 刖 朋 服 服　　　　　八畫

| 服 | | | | | |

造句練習：

弟弟把衣 ＿＿＿＿ 弄髒了。

筆順：丿 刀 月 月 刖 朋 朋 朋　　　　　八畫

| 朋 | | | | | |

造句練習：

我和小新是好 ＿＿＿＿ 友。

筆順：一 十 廿 甘 甘 其 其 其 期 期 期 期　　　　十二畫

| 期 | | | | | |

造句練習：

明天是端午節假 ＿＿＿＿。

有趣的漢字：火

「火」字作底部時，一般寫成「灬」。

把部首是 火 的字與中央的 ⑨火 連起來。

火字部　　　　　　　　愉快學寫字

筆順：　、　丷　丷　屮　火　炏　炏　炎　炎　　　　八畫

炎

造句練習：

夏天天氣很 ＿＿＿＿ 熱。

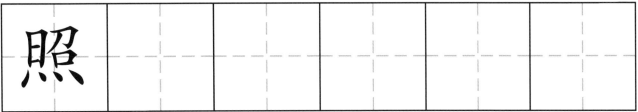

筆順：　丨　冂　月　日　旷　旷　昭　昭　昭　照　照　照　　　十三畫

照

造句練習：

今天天氣晴朗，陽光普 ＿＿＿＿ 。

筆順：　、　丷　丷　火　灯　灯　灯　炒　炒　烃　烃　燈　燈　燈　燈　燈　十六畫

燈

造句練習：

電 ＿＿＿＿ 可以照明。

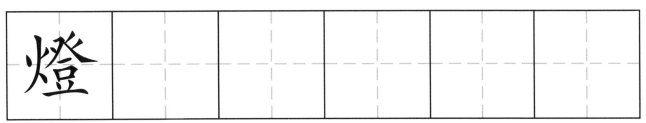

15

有趣的漢字：犬

「犬」字作偏旁時，一般寫成「犭」。

在適當的位置寫上部首犬（犭）。

例：

╳師	子

1.

良

2.

瓜	里

3.

鼠	人

4.

侯	子

5.

句

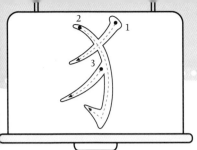

反犬旁

筆順： ㇓ ㇁ ㇋ 犭 犳 犳 狗 狗　　　　　八畫

狗					

造句練習：

這是一隻可愛的小 ＿＿＿ 。

筆順： ㇓ ㇁ ㇋ 犭 犳 犳 狆 猴 猴 猴 猴 猴　　十二畫

猴					

造句練習：

小 ＿＿＿ 子正在吃香蕉。

筆順： ㇓ ㇁ ㇋ 犭 犳 狆 狆 狆 獅 獅 獅 獅 獅　　十三畫

獅					

造句練習：

＿＿＿ 子是一種兇猛的動物。

有趣的漢字：玉

「玉」字作偏旁時，一般寫成「王」。

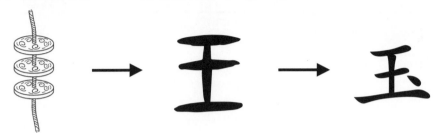

把部首 **玉（王）** 填上黃色。

珍珠

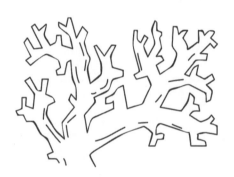

珊瑚

玻璃球

玫瑰

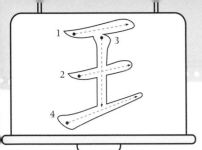

 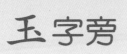

筆順：一 二 于 王 玕 玗 玩   八畫

玩					

造句練習：

媽媽買了一架 ＿＿＿ 具車給我。

筆順：一 二 于 王 玉 玑 玴 玤 班 班   十畫

班					

造句練習：

我是一年級甲 ＿＿＿ 學生。

筆順：一 二 于 王 玕 玗 玎 玏 球 球 球   十一畫

球					

造句練習：

哥哥最喜愛打籃 ＿＿＿。

有趣的漢字：疒

在適當的位置，寫上部首疒。

例：

| 生 | 丙 |

1.

| 皮 | 倦 |

2.

| 頭 | 甬 |

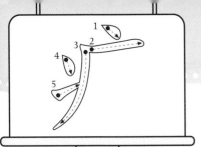

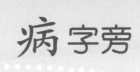

筆順：　、　一　广　广　疒　疒　疒　病　病　病　　　　　十畫

病					

造句練習：

媽媽生 ＿＿＿＿ 了，我幫她做家務。

筆順：　、　一　广　广　疒　疒　疒　疒　病　病　病　痛　　　　十二畫

痛					

造句練習：

弟弟跌倒在地上，＿＿＿＿ 得大哭起來。

筆順：　、　一　广　广　疒　疒　疒　疒　疒　病　病　疸　瘦　瘦　　　十四畫

瘦					

造句練習：

哥哥長得胖，弟弟長得 ＿＿＿＿ 。

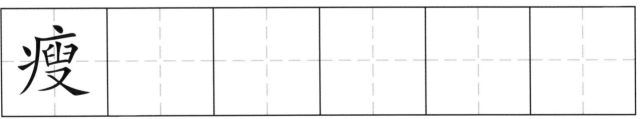

有趣的漢字：衣

「衣」字作偏旁時，一般寫成「衤」。

 → 仐 → 衣

找出部首是 衣 的字，然後把所指的物品填上顏色。

帽

圍巾

裙

褲

襯衫

襪

皮鞋

答案：襯、裙、褲、襪

筆順：　丶 ﾗ ｱ ｹ ｵ ｵ ｶ ｶ 衤 被 被　　　　十畫

| 被 | | | | | |

造句練習：

晚上，媽媽替我蓋 ＿＿＿ 子。

筆順：　丶 ﾗ ｱ ｹ ｵ ｵ ｶ ｶ 衤 衤 裙 裙　　　十二畫

| 裙 | | | | | |

造句練習：

媽媽給我買了一條新 ＿＿＿ 子。

筆順：　丶 ﾗ ｱ ｹ ｵ ｵ ｶ ｶ ｶ 衤 衤 裤 裤 褈 褲　　十五畫

| 褲 | | | | | |

造句練習：

我長高了，去年的＿＿＿ 子已經不合穿。

23

有趣的漢字：示

「示」字作偏旁時，一般寫成「衤」。

分辨部首——把下列各字連線至所屬的部首。

1. 社 •

2. 裙 •

3. 神 •

4. 衫 •

• 5. 祝

• 6. 被

• 7. 禮

• 8. 褲

答案：示：1、3、5、7；衣：2、4、6、8

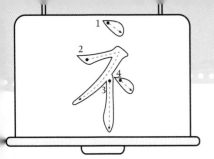

示字旁

筆順：`ラ オ ネ ネ 和 和 和 神　　　　九畫

神					

造句練習：

弟弟全 ＿＿＿＿ 貫注地看電視。

筆順：`ラ オ ネ ネ 和 和 祝 祝　　　　九畫

祝					

造句練習：

爸爸，＿＿＿＿ 你生日快樂。

筆順：`ラ オ ネ ネ 和 和 神 神 神 禮 禮 禮 禮 禮 禮　　十七畫

禮					

造句練習：

我送一份 ＿＿＿＿ 物給媽媽。

有趣的漢字：穴

看圖猜字——把相配的圖和字連起來。

1.

•   • a. 竄

2.

•   • b. 突

注：竄——粵音「喘」，逃走，亂跑的意思。

答案：1.b；2.a

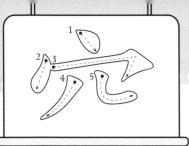

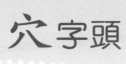

穴字頭

筆順： `、ハウウ穴空空空` 八畫

空						

造句練習：

小鳥在天 ＿＿＿＿ 自由地飛翔。

筆順：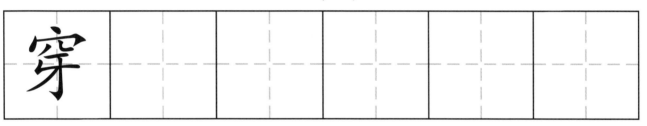 `、ハウウ空空空穿穿` 九畫

穿						

造句練習：

我 ＿＿＿＿ 着整齊的校服去上學。

筆順：`、ハウウ空空空窗窗窗窗窗` 十二畫

窗						

造句練習：

媽媽正在擦 ＿＿＿＿ 戶。

有趣的漢字：米

文字變法——在空格內填上正確的字。

例：

米 ＋ 分 ＝ 粉

1. 米 ＋ 羔 ＝ □

2. 米 ＋ 唐 ＝ □

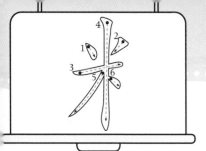

米字旁

筆順：　丶　丶丶　二　十　才　米　米　米'　籵　粐　粐　粽　粽　　十四畫

粽					

造句練習：

端午節，大家一起吃 ＿＿＿＿ 子。

筆順：　丶　丶丶　二　十　才　米　米　米'　籵　粐　糕　糕　糕　糕　糕　十六畫

糕					

造句練習：

外婆做的年 ＿＿＿＿ 味道真好。

筆順：　丶　丶丶　二　十　才　米　米　米'　籵　粐　粐　粐　糖　糖　糖　十六畫

糖					

造句練習：

常常吃 ＿＿＿＿ 果會容易蛀牙。

有趣的漢字：肉

「肉」字作偏旁時，一般寫成「月」。

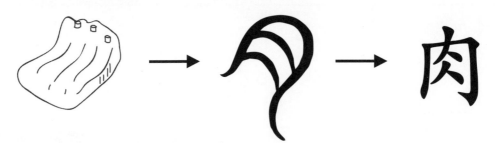

在適當的位置，寫上部首肉（月）。

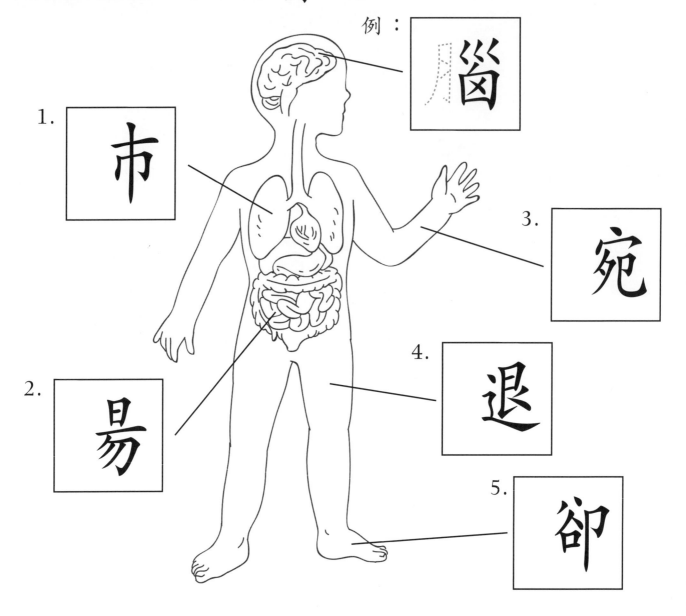

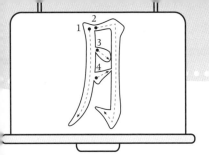

筆順：丿 刀 月 月 月 月 月 月 胖　　　　　九畫

胖						

造句練習：

小男孩長得白白 ＿＿＿ ＿＿＿ 的，樣子很可愛。

筆順：丿 刀 月 月 月 月 月 月 月 朓 朓 腦 腦　　　　　十三畫

腦						

造句練習：

下象棋時，我們要用 ＿＿＿ 思考。

筆順：丿 刀 月 月 月 月 月 肸 脸 脸 脸 脸 脸 脸 臉 臉 臉　十七畫

臉						

造句練習：

弟弟在扮鬼 ＿＿＿，逗得大家呵呵笑。

有趣的漢字：貝

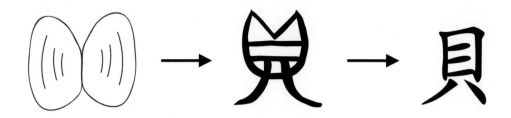

把部首是 貝 的字圈出來。

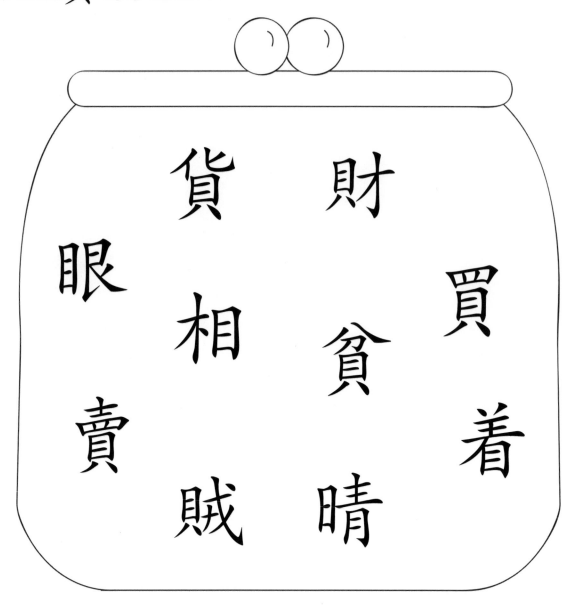

筆順：ノ　亻　仁　化　化　貨　貨　貨　貨　貨　貨　　　　　十一畫

貨					

造句練習：

搬運工人把 ＿＿＿ 物從車上搬下來。

筆順：丶　冖　罒　罒　罒　罒　罚　罚　胃　冒　買　買　　　十二畫

買					

造句練習：

媽媽到市場 ＿＿＿ 菜。

筆順：丨　冂　冂　月　目　目　貝　貝　貝　貼　貼　貼　　十二畫

貼					

造句練習：

老師教我們做拼 ＿＿＿ 畫。

有趣的漢字： 辵

「辵」字作偏旁時，一般寫成「辶」。

請在適當位置寫上部首辵（辶），並把與字相配的圖用線連起來。

1.
| 兆 | ·

· a.

2.
| 自 | ·

· b.

3.
| 隹 | ·

· c.

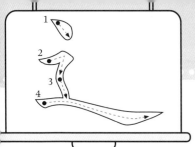

走之底

筆順：　丶　丷　丷　半　关　关　关　送　送　送　　　　十畫

送

造句練習：

郵差 ＿＿＿ 信到我家。

筆順：　マ　マ　マ　甬　甬　甬　甬　甬　通　通　通　　十一畫

通

造句練習：

我們要遵守交 ＿＿＿ 規則。

筆順：　丶　丷　丷　羊　丬　首　首　首　首　道　道　道　　十三畫

道

造句練習：

清潔工在清理街 ＿＿＿ 上的垃圾。

有趣的漢字：金

把相配的圖和字用線連起來。

例： 釘 •   • a.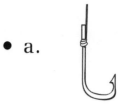

1. 鉤 •   • b.

2. 鈴 •   • c.

3. 鏡 •   • d.

4. 針 •   • e.

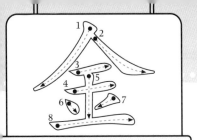

 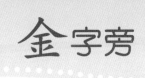

筆順：ノ　人　ᐱ　仐　仐　全　余　金　　　　　　　　八畫

金					

造句練習：

我家養了三尾 ＿＿＿＿ 魚。

筆順：ノ　人　ᐱ　仐　仐　全　余　金　金　釒　鈴　鈴　鈴　　十三畫

鈴					

造句練習：

下課 ＿＿＿＿ 聲響了。

筆順：ノ　人　ᐱ　仐　仐　全　余　金　金　金　鈇　錢　鈇　錢　錢　錢　十六畫

錢					

造句練習：

我把零用 ＿＿＿＿ 儲蓄起來。

有趣的漢字：門

聯想猜字——把相配的圖和字用線連起來。

1. 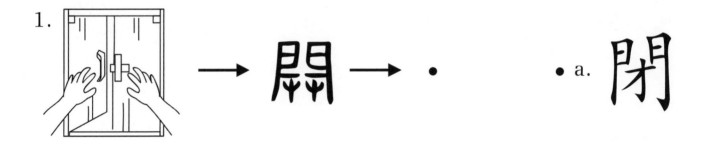　　　a. 閉

2. 　　　b. 閂

3. 　　　　　　　c. 開

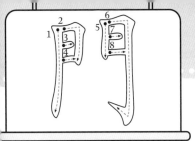

筆順： | ㄇ ㄇ ㄖ ㄖ ㄖ' 門 門 門 門 閂 閁 開   十二畫

開					

造句練習：

今天是學校的 ＿＿＿ 放日。

筆順： | ㄇ ㄇ ㄖ ㄖ ㄖ' 門 門 門 門 閂 問 間   十二畫

間					

造句練習：

妹妹的房 ＿＿＿ 放滿了布娃娃。

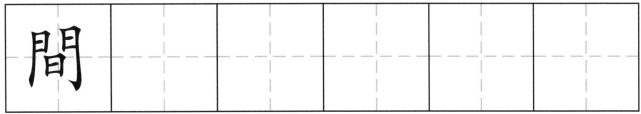

筆順： | ㄇ ㄇ ㄖ ㄖ ㄖ' 門 門 門 門 閂 問 問 問 閱 閱   十五畫

閱					

造句練習：

我喜愛 ＿＿＿ 讀益智的圖書。

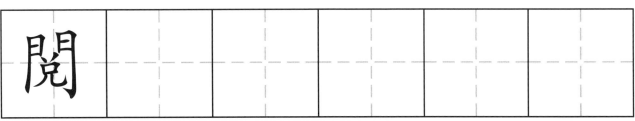

有趣的漢字： 隹

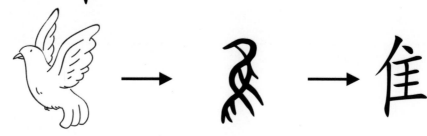

在適當的位置填上部首 隹。

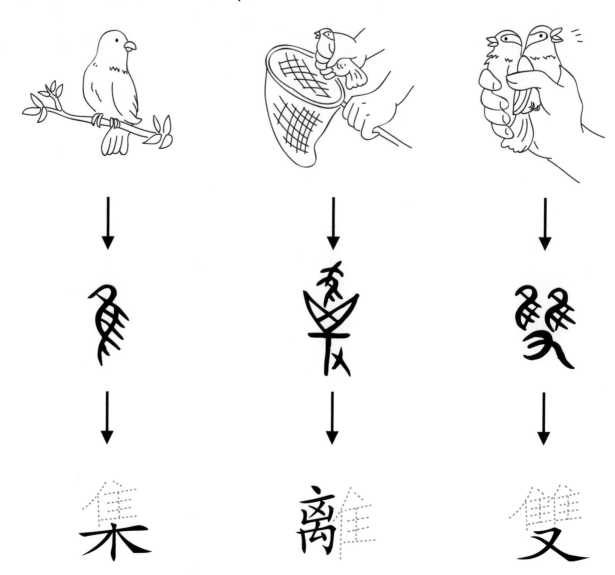

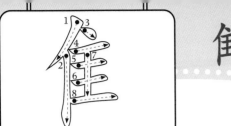

隹 字部

筆順： ノ イ イ´ イ´ イ´ 仁 仹 佳 隻 隻 　　十畫

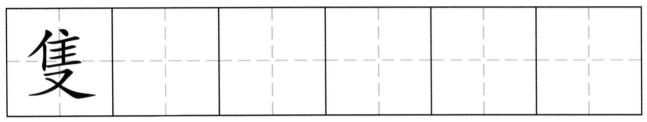

隻

造句練習：

樹枝上站着兩 ＿＿＿＿ 小鳥。

筆順： ` ´´ ´´ ´ 少 少´ 牛 牛´ 牛´ 雀 雀 雀 　　十一畫

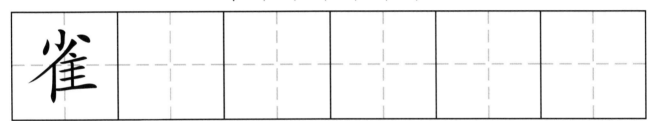

雀

造句練習：

這個 ＿＿＿＿ 籠很漂亮呀！

筆順： ` ´´ ´´ ´´ ´ 幺 幺 奚 奚 奚 奚´ 奚´ 雞 雞 雞 雞 十八畫

雞

造句練習：

小 ＿＿＿＿ 正在吃東西。

有趣的漢字：大

把部首是 **大** 的字填上橙色。

答案：天、太、奔、套

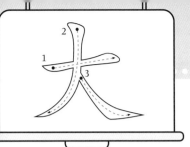

筆順： ＿ 二 于 天　　　　　四畫

天

造句練習：

爸媽帶我到遊樂場坐摩 ＿＿＿＿ 輪。

筆順： 一 ナ 大 太 本 夲 夲 奔　　　　八畫

奔

造句練習：

馬兒在草原上 ＿＿＿＿ 跑。

筆順： 一 ナ 大 太 本 本 套 套 套 套　　　　十畫

套

造句練習：

天氣冷了，媽媽給我一雙手 ＿＿＿＿ 。

部首：雨

有趣的漢字：雨

「雨」字作頂部時，一般寫成「⻗」。

請在適當的位置寫上部首 ⻗。

1.

ヨ

2.

田

3.

云

4.

电 燈

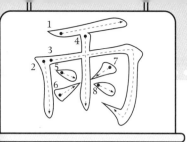

筆順：一 ㄏ ㄏ 币 雨 雨 雱 霏 霏 雪 雲 雲　　　十二畫

雲					

造句練習：

天空烏 ＿＿＿ 滿布，快要下雨了。

筆順：一 ㄏ ㄏ 币 雨 雨 雱 霏 霏 雷 雷 雷 雷　　　十三畫

雷					

造句練習：

小妹妹給巨大的 ＿＿＿ 聲吵醒了。

筆順：一 ㄏ ㄏ 币 雨 雨 雱 霏 霏 雫 雫 雪 電　　　十三畫

電					

造句練習：

爸爸買了一台新 ＿＿＿ 腦。

認字組詞。請在 ☐ 寫上正確的字，並把它和能組成詞語的字連起來。

1. 　　辵(辶) + 兆 = ☐　•　　　•　a. 繩

2. 　　足 + 兆 = ☐　•　　　•　b. 走

3. 　　門 + 才 = ☐　•　　　•　c. 富

4. 　　貝 + 才 = ☐　•　　　•　d. 目

5. 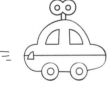　　玉(王) + 元 = ☐　•　　　•　e. 倦

6. 　　疒 + 皮 = ☐　•　　　•　f. 具

答案：1. b. 逃走；2. a. 跳繩；3. d. 閉目；4. c. 財富；5. f. 玩具；6. e. 疲倦

認字組詞。請在 ☐ 寫上正確的字，並把它和能組成詞語的字連起來。

1. 　　雨 ＋ 田 ＝ ☐　　• 　• a. 鐺

2. 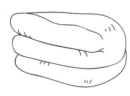　　衣(衤) ＋ 皮 ＝ ☐　　• 　• b. 電

3. 　　金 ＋ 令 ＝ ☐　　• 　• c. 單

4. 　　月 ＋ 月 ＝ ☐　　• 　• d. 子

5. 　　犬(犭) ＋ 師 ＝ ☐　　• 　• e. 果

6. 　　米 ＋ 唐 ＝ ☐　　• 　• f. 友

答案：1.b. 電雷；2.c. 被單；3.a. 鈴鐺；4.f. 朋友；5.d. 獅子；6.e. 糖果。

• 升級版 •

愉快學寫字 ⑩
寫字和識字：部首、偏旁

策　　劃：嚴吳嬋霞
編　　寫：方楚卿
增　　訂：甄艷慈
繪　　圖：何宙樺
責任編輯：甄艷慈、周詩韵
美術設計：何宙樺
出　　版：新雅文化事業有限公司
　　　　　香港英皇道 499 號北角工業大廈 18 樓
　　　　　電話：(852) 2138 7998
　　　　　傳真：(852) 2597 4003
　　　　　網址：http://www.sunya.com.hk
　　　　　電郵：marketing@sunya.com.hk
發　　行：香港聯合書刊物流有限公司
　　　　　香港荃灣德士古道 220-248 號荃灣工業中心 16 樓
　　　　　電話：(852) 2150 2100
　　　　　傳真：(852) 2407 3062
　　　　　電郵：info@suplogistics.com.hk
印　　刷：中華商務彩色印刷有限公司
　　　　　香港新界大埔汀麗路 36 號
版　　次：二〇一五年六月初版
　　　　　二〇二三年五月第十次印刷

ISBN: 978-962-08-6301-1
© 2001, 2015 Sun Ya Publications (HK) Ltd.
18/F, North Point Industrial Building, 499 King's Road, Hong Kong
Published in Hong Kong SAR, China
Printed in China